BEI GRIN MACHT SICH IHR WISSEN BEZAHLT

- Wir veröffentlichen Ihre Hausarbeit, Bachelor- und Masterarbeit

- Ihr eigenes eBook und Buch - weltweit in allen wichtigen Shops

- Verdienen Sie an jedem Verkauf

Jetzt bei www.GRIN.com hochladen und kostenlos publizieren

Marcus Lüpke

Unterrichtsstunde Sexualaufklärung - richtiger Einsatz und Umgang mit Verhütungsmitteln. Exemplarisch dargestellt am Beispiel des Kondoms (8. Klasse)

GRIN Verlag

Bibliografische Information der Deutschen Nationalbibliothek:

Die Deutsche Bibliothek verzeichnet diese Publikation in der Deutschen National-
bibliografie; detaillierte bibliografische Daten sind im Internet über http://dnb.d-
nb.de/ abrufbar.

Dieses Werk sowie alle darin enthaltenen einzelnen Beiträge und Abbildungen
sind urheberrechtlich geschützt. Jede Verwertung, die nicht ausdrücklich vom
Urheberrechtsschutz zugelassen ist, bedarf der vorherigen Zustimmung des Verla-
ges. Das gilt insbesondere für Vervielfältigungen, Bearbeitungen, Übersetzungen,
Mikroverfilmungen, Auswertungen durch Datenbanken und für die Einspeicherung
und Verarbeitung in elektronische Systeme. Alle Rechte, auch die des auszugsweisen
Nachdrucks, der fotomechanischen Wiedergabe (einschließlich Mikrokopie) sowie
der Auswertung durch Datenbanken oder ähnliche Einrichtungen, vorbehalten.

Impressum:

Copyright © 1998 GRIN Verlag GmbH
Druck und Bindung: Books on Demand GmbH, Norderstedt Germany
ISBN: 978-3-638-94037-5

Dieses Buch bei GRIN:

http://www.grin.com/de/e-book/21735/unterrichtsstunde-sexualaufklaerung-richti-
ger-einsatz-und-umgang-mit

GRIN - Your knowledge has value

Der GRIN Verlag publiziert seit 1998 wissenschaftliche Arbeiten von Studenten, Hochschullehrern und anderen Akademikern als eBook und gedrucktes Buch. Die Verlagswebsite www.grin.com ist die ideale Plattform zur Veröffentlichung von Hausarbeiten, Abschlussarbeiten, wissenschaftlichen Aufsätzen, Dissertationen und Fachbüchern.

Besuchen Sie uns im Internet:

http://www.grin.com/

http://www.facebook.com/grincom

http://www.twitter.com/grin_com

Unterrichtsentwurf zum 3. Besuch im Fach Biologie

Name, Vorname	:, Marcus
Fach	: Biologie
Lerngruppe	: 8c
Zeit	: Donnerstag, 17.12.1998, 11:45 - 12:30 Uhr
Datum	: 17.12.1998
Schule	:

Thema der Unterrichtsstunde:

Sexualaufklärung - richtiger Einsatz und Umgang mit Verhütungsmitteln.

Exemplarisch dargestellt am Beispiel des Kondoms

Einordnung der Stunde in die laufende Unterrichtsreihe

Bei den aufgeführten Unterrichtsstunden handelt es sich immer um Einzelstunden.

1. **Stunde:** **Sammlungsstunde „Was interessiert euch zum Thema Sexualaufklärung"?** *Die Schüler formulieren schriftlich frei und anonym ihre Fragen, Wünsche und bekunden ihr Interesse zu verschiedenen Themenbereichen[1]; offene Stunde*

2. **Stunde:** **Verhaltensmerkmale „typisch männlich - typisch weiblich"** *Erstellung einer Folie und Präsentation der Inhalte in Gruppenarbeit, Rolle von Mann und Frau in der heutigen Gesellschaft und früher; Gruppenarbeit; Diskussionsrunde; SS präsentieren ihre Ergebnisse in SS-Front.*

3. **Stunde:** **Partnerschaft und Liebe.** *In Kleingruppen bearbeiten die Schüler die Themen „Was ist euch bei eurem Partner wichtig?" Aufgreifen des Themenbereiches „Wer ist für Verhütung zuständig?", „Wann kommt es zu einer Schwangerschaft?"*

4. **Stunde:** **Methoden der Schwangerschaftsverhütung.** *Schüler erarbeiten selbsttätig eine Tabelle, in der alle gängigen Verhütungsmethoden dargestellt werden. Formulieren von Fragestellungen und aktuellem Wissen zum Thema „Verhütungsmethoden - Verhütung", Videobeitrag.*

5. **Stunde:** **Das Kondom - Exemplarisch wird der Umgang und die Anwendung des Kondoms in freudiger Atmosphäre an Penisattrappen geübt.**

6. **Stunde: Wahrheiten und Unwahrheiten zum Thema Verhütung.** *Durch die Konfrontation mit Unwahrheiten/ Wahrheiten wird in der Lerngruppe eine Diskussion zum Thema angeregt. Die Schüler haben die Möglichkeit „eigene" Unwahrheiten in Gruppenarbeit zu ergänzen.*

7. **Stunde:** **Geschlechtskrankheiten und Schutz vor Geschlechtskrankheiten.** *Die Schüler erhalten Informationen zum Thema Geschlechtskrankheiten und wenden das Wissen über Verhütungsmethoden an, um schützende Maßnahmen zu ergreifen (Gruppenarbeit).*

8. **Stunde:** **Was ist AIDS -Sammlungsstunde-?** *Die Schüler erfahren die biologischen Hintergründe der HI-Viruserkrankung. Fakten - Ursachen - Ansteckung - Aufklärung, Formulierung eigener Erfahrungen und des Vorwissens über das Thema. Demonstrationskoffer Gesundheitszentrum Arnsberg*

9. **Stunde:** **Aids Prävention** *Klärung von Unwahrheiten; Videobeitrag BfgA; Einladen des Leitenden Dipl.-Pych..Gesundheitszentrum Arnsberg.*

10. **Stunde:** **Erstellung eines Aufklärungsplakates (AIDS - Verhütung) für die Schulwand (evtl. + 1 Std.)**

Übergeordnete Zielvorstellung der Lehrkraft

Unterrichtsreihe

Die Schüler haben die Möglichkeit, die Rolle von Mann und Frau in der Gesellschaft zu analysieren und kritisch zu betrachten. Die Antwort auf die Frage, wer für Verhütung zuständig ist bzw. warum es wichtig ist auf Schwangerschaftsverhütung zu achten, wird für die Schüler transparent. Das Wissen über Verhütung und die Anwendung ausgewählter Mittel und Methoden zur Empfängnisverhütung wird vertieft. Desweiteren wird im Zusammenhang mit dem Geschlechtsverkehr die immer noch aktuelle AIDS Problematik bzw. der Themenbereich Geschlechtskrankheiten miteinbezogen.

---

[1] **Bsp.:** „Wie merkt man ob man schwanger ist?"; „Ist es schlimm, wenn man als 13jährige schon mit einem Jungen schlafen möchte?"; „Welche Verhütungsmittel gibt es und welche sind billig?"

2

Unterrichtsstunde

Die Schüler sollen das exemplarisch das Kondom als günstige und sinnvolle Methode der Schwangerschaftsverhütung kennenlernen. Weiterhin sollen sie für den Einsatz des Kondoms zum Schutz gegen Geschlechtskrankheiten sensibilisiert werden und das Benutzen des Kondoms praktisch üben.

Lehrziele:

Die Schüler haben die Möglichkeit, sich im praktischen Umgang mit dem Kondom zu üben. Ergänzend werden den Schülern Broschüren und Aufklärungsmaterialien der BfgA [1998] gereicht.

- Die Schüler sollen den Umgang mit dem Kondom praktisch üben und den Sinn erkennen, daß für den sicheren Einsatz des Kondoms eine vorangehendes Üben notwendig ist.
- Die Schüler sollen eigenverantwortliches und selbständiges Erarbeiten von Lerninhalten vertiefen.
- Die Schüler sollen sich in der Sozialform Gruppenarbeit üben.
- Die Schüler sollen das Kondom als einfach zu beschaffendes, einfach zu benutzendes Verhütungsmittel erfahren.
- Die Schüler lernen sich frei über das Thema Sexualität zu äußern
- Die Schüler werden zu eigenverantwortlichem Handeln und Planen der praktischen Anwendung der Schwangerschaftsverhütung angeregt
- Die Schüler lernen, sich mit Mitschülern zu verständigen um ein Lernziel zu erreichen.

Handlungsmöglichkeiten

- Die Schüler beurteilen den präsentierten Videobeitrag in Form eines offenen Unterrichtsgesprächs
- Die Schüler üben das Auspacken, Abrollen, Aufrollen des Kondoms
- Die Schüler üben das Kontrollieren des Kondoms auf Dichtigkeit nach dem Benutzen

Bedingungsfeldanalyse

Themenunabhängige Lernvoraussetzungen

Am Biologieunterricht nehmen die Schüler und Schülerinnen der Klasse 8c der Hauptschule II in teil. Die Lerngruppe besteht aus 24 Schülern (davon 10 Mädchen und 14 Jungen). Unterrichtszeit ist jeweils donnerstags in der 5. Stunde (11:45 - 12:30 Uhr), der Unterricht findet im Biologieraum statt.

Die Klasse zeigt sich sehr interessiert am Fach Biologie bzw. auch am derzeitigen Thema der Unterrichtsreihe. Innerhalb der Lerngruppe fallen einige Schüler und Schülerinnen deutlich durch sehr aktive Mitarbeit (sowohl mündlich als auch z.B. in Gruppenarbeitsphasen), andere präsentieren sich eher zögerlich und zurückhaltend.

Eugen ist polnischer Abstammung und hat einige sprachliche und schriftsprachliche Probleme, er benötigt desöfteren eine intensivere Betreuung durch Mitschüler oder den Lehrer.

Die Klasse profitiert von der regen Mitarbeit einzelner Schüler wie Michaela, Maria, Christian, Robert und Jürgen. Christopher, wie auch Robert, beispielsweise setzt Inhalte sehr gut um, ist bei der Sache und vermittelt oft das Gefühl unterfordert zu sein. Insbesondere die Mitarbeit der Mädchen ist sehr von Interesse und Offenheit geprägt, wohingegen die Mitarbeit der männlichen Schüler meist sachlich und wenig persönlich bleibt. In der Lerngruppe finden sich auch andere Nationalitäten, dies stellt jedoch bzgl. des Themas kein Problem dar, da diese Schülerinnen „westlich-offen" erzogen sind. Durch das vorher durchgeführte Stationenlernen der Unterrichtsreihe zum Thema „Verhalten" ist die Lerngruppe gut auf Sozialformen wie Gruppenarbeit bzw. Partnerarbeit vorbereitet.

Themenabhängige Lernvoraussetzungen

Die Klasse hat sich in den vorangegangenen Stunden mit der Geschlechterrolle in unserer Gesellschaft befaßt. Dabei hatten sie die Möglichkeit, eigene Erfahrungen zu äußern und zu präsentieren. Die jeweiligen Inhalte („männliches/ weibliches Verhalten", „Rechte und Pflichten der Männer und Frauen bezogen auf die Rolle in unserer Gesellschaft", „Kriterien für Partnerwahl", „Verhütungsmethoden") wurden in Gruppenarbeit erarbeitet. Der Schwerpunkt lag dabei in der Präsentation der Ergebnisse durch die Schüler. Diskussionsanregung, -leitung war größtenteils in der Hand der Schüler. Dies hatte den Vorteil, daß sie sprachlich-offen mit dem Thema umgegangen sind. Bezogen auf die unterschiedlichen Rollen, ihrer möglichen Pflichten und Rechte wurde das Thema „Wer soll für Verhütung sorge tragen ?" bearbeitet. Desweiteren haben die Schüler die gängigsten Verhütungsmethoden in tabellenform zusammengestellt und hatten über die Inhalte einen guten Überblick. In einem Unterrichtsgespräch; dort wurden die Inhalte gefestigt; wurde begleitend ein Videobeitrag zum Thema geliefert. Insbesondere die Lebenswirklichkeit der Jugendlichen (Unsicherheit, viele und wenige Vorerfahrungen mit der Verhütungspraxis) konnte so zum Thema werden.

Die Schüler und Schülerinnen zeigen sich altersgerecht am Themenbereich „Sexualität" sehr interessiert, dies wurde in den vorangegangenen Stunden deutlich. Die Schüler sind mit dem was sie über Sexualität, Partner und jeweiligem Verhalten denken sehr offen, was besonders im jetzigen Themenbereich von Vorteil ist. Das Äußern dieser Gedanken und Einstellungen bereitet den meisten Schülern und Schülerinnen jedoch unterschiedlich große Probleme, da sie einen unterschiedlichen „Reifezustand" aufweisen. Weiterhin weisen die Schüler große Unterschiede in ihrem Lern- und Arbeitstempo auf, dies wurde insbesondere während der Gruppenarbeitsphasen der vorangegangenen Stunden deutlich und wird in der weiteren Arbeit in dieser Lerngruppe von mir berücksichtigt. Zum Thema Verhütung besitzt nur ein kleiner Teil der Lerngruppe Vorerfahrungen. Die Pille bzw. das Kondom sind die am bekanntesten Verhütungsmethoden. Um die Wirkung von Verhütungsmitteln verstehen zu können ist das Wissen um den Bau der Geschlechtsorgane, puberale Entwicklung, Menstruationszyklus etc. vorauszusetzen. Die Schüler verfügen diesbezüglich über ausreichende Kenntnisse um die Funktion der ausgewählten Verhütungsmethoden zu verstehen.

Didaktische Reduktion

Die Schule liefert zum Themenbereich Familienplanung - Empfängnisverhütung die ausreichenden sachlichen Informationen und regt die Schüler zum Nachdenken über die Empfängnisverhütung an. Insbesondere der Gleichstellung von Mann und Frau in der Frage wer für Verhütung verantwortlich ist muß thematisiert werden, da die Familienplanung gesellschaftlich von wirtschaftlichen und personalen Überlegungen geprägt ist. Da im weiteren Verlauf der Unterrichtsreihe die HI-Viruserkrankung AIDS Thema sein wird, ist das Kondom das geeignete Mittel um den Schülern eine in doppelter Hinsicht gute Verhütungsmethode/ -Mittel zu präsentieren. Die Auswahl des Kondoms als exemplarisch genutztes Verhütungsmittel dieser Stunde wird begründet durch:

- Auch für Schüler einfach zu beschaffendes Verhütungsmittel
- Ein für Schüler günstig zu erwerbendes Verhütungsmittel
- Ein für Schüler (nach ausreichender Übungsphase) einfach zu benutzendes Verhütungsmittel
- *Ein für Schüler auch am Modell einfach zu erprobendes Verhütungsmittel*
- Ein für Lehrkräfte als Anschauungsmaterial für Schüler einfach zu beschaffendes Verhütungsmittel (Gesundheitszentren, Pro Familia)
- Das Kondom besitzt für Schüler einen hohen Popularitätswert
- Das Kondom schützt vor Geschlechtskrankheiten und bietet bei richtiger Anwendung einen ausreichenden Schutz vor ungewollter Schwangerschaft

Die Beschränkung auf die exemplarische Arbeit dieser Stunde mit dem Kondom liegt weiterhin darin begründet, das die Aufnahme vieler anderer, abstrakter und komplexer in der Fachliteratur beschriebener Verhütungsmethoden (Schleimstrukturmethode, Temperaturmethode etc.) für die Schüler eine Überforderung darstellt und im Schüleralltag keine Verwendung findet bzw. finden sollte. Das Kondom erhöht, da bei den Schülern bekannt und akzeptiert, zudem die Motivationslage. Um den Schülern ausreichend Möglichkeit zum Üben zu ermöglichen, erhalten sie eine Arbeitsanweisung mit derer sie die einzelnen Schritte bei der richtigen Benutzung des Kondoms gut nachvollziehen können. Im Bezug auf die bei der Planung von Unterricht in der Hauptschule geforderten handlungsorientierten Unterrichtsmethoden wäre es sinnvoll die Schüler das Benutzen des Kondoms bzw. auch eine sinnvolle Anleitung selbsttätig erarbeiten zu lassen. Um das richtige Üben in dieser Stunde jedoch auch aus zeitlichen gründen nicht zu vernachlässigen erhalten sie mehrere Anleitungen auf Bildbasis. Die Anwendung und auch der wichtige Aspekt des Übens (inkl. Schüleranregungen) werden bei der Erstellung eines Aufklärungsplakates Verwendung finden (vgl. Darstellung der U.-reihe).

Nachdem das Arbeiten mit dem Kondom geübt und gefestigt wurde, haben die Schüler die Möglichkeit, andere Verhütungsmethoden und -mittel aus dem mitgebrachten Verhütungskoffer zu betrachten.

Legitimation

Bezugnehmend auf den allgemeinen Teil der Richtlinien des Landes NRW [1992] „Aufgaben und Ziele der Hauptschule" läßt sich Bereich der Sexualerziehung besonders sinnvoll mit den Inhalten des Erziehungs- und Bildungsauftrages vereinbaren.

Die Sexualerziehung ist bestimmt von ethischen- Positionen wie „Selbstbestimmung" und „Achtung vor dem Leben". Besonders die Selbstbestimmung, also die Fähigkeit sich des eigenen Verstandes zu bedienen, befähigt die Schüler dazu unabhängiger zu denken und zu fühlen. Insbesondere das Wissen um den Umgang und den richtigen Einsatz von Verhütungsmitteln- und Methoden befähigt die Schüler in besonderem Maße dazu ein selbstbestimmtes Leben zu führen. Natürlich soll der Schüler bzw. die Schülerin dies unter Berücksichtigung der eigener Erfahrungen lernen. Bezüglich des Lehrens und Lernens in der Hauptschule muß sich daher bei der Wahl der geeigneten Methode an der Erfahrung der Schüler orientiert werden, damit sie im Sinne einer Handlungsorientierung ihre eigenen Fähigkeiten (intellektuell, praktisch und emotional) in der Auseinandersetzung mit dem Lerngegenstand einbringen können [Richtlinien 1992, 15ff.]. In der Wahl der Unterrichtsmethode dieser Stunde steht jedoch im Gegensatz zur gesamten Reihe ein eher dem angeleiteten Lernen zuzuordnendes Lehrverfahren im Vordergrund (vgl. Kap.: Methodenentscheidung)

Die Jugendlichen dieser Lerngruppe stehen in einer schwierigen Entwicklungsphase, in der sie sich mit dem biologisch bedingten Prozeß der sexuellen Reifung und dem geschlechtsspezifischen Rollenverständnis auseinandersetzen müssen [Richtlinien 1992, 25]. Um die Schüler mit dieser Situation nicht unkritisch und unwissend allein zu lassen bzw. zu provozieren, daß sie sich in dieser Lebensabschnittsphase einer für sie unzumutbaren Belastung (Bsp. durch eine ungewollte Schwangerschaft oder der Infektion mit den Erregern div. Geschlechtskrankheiten) stellen müssen, ist es notwendig diesen Themenbereich in den Biologieunterricht mit aufzunehmen.

In den Ausführungen zu den Klassenstufen 7 und 8 läßt sich der dargestellte Themenbereich in die Punkte 1. und 2. [„Wir lernen wichtige Lebensvorgänge in unserem Körper kennen"; „Der Mensch ist für sich selbst und für seine Umwelt verantwortlich"] einordnen. Bezüglich der heutigen Stunde liegt der Schwerpunkt darin, den Schülern das Kondom als exemplarische Methode der Schwangerschaftsverhütung zu demonstrieren. Weiterhin sollen die Schüler und Schülerinnen die Anwendung des Kondoms am Modell praktisch durchführen, um so die Befähigung zu erhalten, selbstbestimmt und selbstsicher für die Verhütung bei sexuellem Kontakt mit dem anderen Geschlecht zu sorgen *[„2.3 Sexuelle Beziehungen und der Wunsch nach einem Kind setzen Verantwortung voraus"* Richtlinien 1992, 105]. Den Schülern wird so die Möglichkeit eröffnet eigenverantwortlich mit ihrer Sexualität umzugehen. Das dies notwendig ist, zeigte sich besonders in der Einführungsstunde zum Thema wo einzelne Schüler/ Schülerinnen z.B. die Fragen äußerten, *„ob es denn schlimm sei, wenn man als 13jähriges Mädchen schon mit einem Mann schlafen möchte"* bzw. *„Wie man merken kann, daß man schwanger ist ?"*, *„Welches sind die besten Verhütungsmittel ?"*.

Die Unterrichtsreihe entspricht inhaltlich grob den Vorgaben der Richtlinien [Punkt 2.3 Klassenstufe 7-8]. Hier sind Themenbereich wie:

- Freundschaft, Partnerschaft und Ehe

- Frau- und Mannschema

- Fragen bzgl. der sexuellen Partnerschaft

aufgeführt, die in der Reihe bearbeitet werden. Insbesondere die Themenbereiche „Verhütungsmittel und ihre Funktionen" sowie „Geschlechtskrankheiten" werden als mögliche Diskussionsthemen empfohlen [Richtlinien 1992, 105].

Zentrale Lernaufgabe

Probiert das Auspacken, Ausrollen und Überstreifen eines Kondoms in Gruppen von 2-3 Schülern aus. Ihr könnt die Broschüre „fliegende Herzen", die Overheadfolie und die Anleitung in der Kondompackung zur Hilfe nehmen. Ihr benötigt für das Lösen der Aufgabe: Einige Kondome, Holzattrappen.

Methodische Entscheidungen

In der heutigen Stunde soll zu Beginn noch mal auf die vorher behandelten gängigsten „Verhütungsmethoden" Bezug genommen werden. Die Schüler und Schülerinnen haben daher zu Beginn die Möglichkeit, einen Aufklärungsbeitrag der US-Navy (1950-60)[2] kritisch zu betrachten. Im Anschluß daran sollen die Schüler und die Schülerinnen den Umgang mit dem Kondom, exemplarisch für ein leicht zu beschaffendes und billiges Verhütungsmittel praktisch üben. Zur Hilfe erhalten die Schüler pärchenweise :

- 1x Broschüre „Fliegende herzen" [BfgA, 1998]
- 1x Banane oder Holzattrappe eines männlichen Gliedes
- Mehrere Latex-Kondome [Ministerium für Arbeit, Gesundheit und Soziales, 1998]

Das Anleiten zum richtigen (Be-) nutzen des Kondoms wird arbeitsteilig in Kleingruppen durchgeführt. Die Schüler kommen so jeweils in den Genuß einer Demonstration durch Mitschüler und des eigenen Probierens. Die in den Kleingruppen gemachten Erfahrungen beim Umgang mit dem Kondom werden im Plenum zusammengetragen. Am ergänzenden Tafelbild werden die wichtigsten zu beachtenden Punkte zur Kondombenutzung fixiert. Um die Begegnung am realen Objekt nicht auf das Kondom zu beschränken werden den Schülern am Stundenende andere ausgewählte Verhütungsmittel präsentiert. Das Arbeiten in Kleingruppen ist im Biologieraum durch die Fixierung der Arbeitstische erschwert, jedoch in ausreichendem Maße möglich. Ich denke gerade sozial orientiert Lernziele wie das arbeitsteilige Arbeiten in Gruppen darf auch aufgrund von ungünstigen Raum- und Platzverhältnissen nicht vernachlässigt werden. Insbesondere am modernen Arbeitsplatz im Betrieb (o.s.ä.) wird Teamarbeit gefordert. Die Schule muß sich daher besonders auf diese Situation einstellen und die Schüler in geeigneter Form darauf vorbereiten.

Die heutige Stunde ist geprägt von einem angeleiteten Unterrichtsverfahren um das Wissen um den Umgang mit dem Kondom möglichst effektiv (unter Zeitaspekten) zu vermitteln. In der nachfolgenden Unterrichtszeit haben die Schüler die Möglichkeit das erfahrene Wissen in Form eines Aufklärungsplakates zu präsentieren. Insbesondere die Schülersprache, Erfahrungen und der Einbezug der Schüler in den jeweiligen Unterrichtsgegenstand (handlungsorientierung) kann hier nachträglich erfolgen.

Sachstruktur

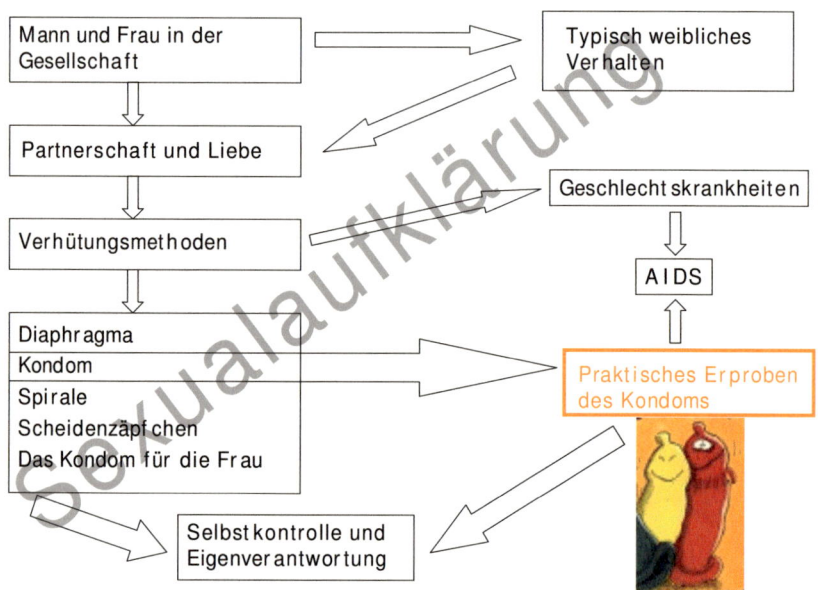

Mann und Frau in der Gesellschaft	Typisch weibliches Verhalten
Partnerschaft und Liebe	
Verhütungsmethoden	Geschlechtskrankheiten
	AIDS
Diaphragma Kondom Spirale Scheidenzäpfchen Das Kondom für die Frau	Praktisches Erproben des Kondoms
Selbstkontrolle und Eigenverantwortung	

Literatur

KILLERMANN, W.: Biologieunterricht, Eine moderne Fachdidaktik. Auer, Donauwörth 1995[10]

ESCHENHAGEN/ KATTMANN/ RODI: Fachdidaktik Biologie.
Aulis Verlag Deubner & co KG, 1996[3]

MEYER, H.: Unterrichtsmethoden II: Praxisband.
Frankfurt am Main: Cornelson Verlag Skriptor, 1997.

ARBEITSGEMEINSCHAFT SCHULE UND ELTERNHAUS: Empfängnisregelung - Materialangebote für Schulen
Düsseldorf, 1989

DIE SCHULE IN NRW Richtlinien Biologie - Lernbereich Naturwissenschaften [Hauptschule].
Verlagsgesellschaft Ritterbach mbH, 1992.

SEXUALPÄDAGOGISCHE MATERIALIEN FÜR DIE JUGENDARBEIT IN FREIZEIT UND SCHULE.
Beltz Fachbuchverlag, 1993

BfgA Broschüre „fliegende Herzen", 1998

BfgA Broschüre „Psst..", 1998

---

[2] Ausschnitt aus dem Film „heavy petting"

Thema der Unterrichtsstunde: *Sexualaufklärung - richtiger Einsatz und Umgang mit Verhütungsmitteln. Exemplarisch dargestellt am Beispiel des Kondoms*   **Datum:**

02.10.1998

LAA: Marcus Lüpke   **Hauptseminarleitung:** Frau Pool   **Fachseminarleitung:** Herr Hoffmann   **Mentor:** Herr Korbella

Unterrichtsverlauf

Phase	Interaktionsgeschehen und Inhalts-momente	Handlungsmuster und So-zialformen	Medien	Methodisch-didaktischer Kommentar
Einstieg	• Begrüßung • Videobeitrag „heavy petting" • SS nehmen Stellung zum gezeigten Beitrag	• Frontal • SS sitzen im Halb-kreis vor dem Vie-deogerät	• Videorecorder • Videocassette „heavy pet-ting"	• Motivation • Schülergerechte Besprechung der Videose-quenz um auf die Problematik der Stunde hinzuführen (*Rolle der Frau ?, Praxis der TN ?, Funktion des Kondoms ?*)
Vorberei-tung	• Vorstellen der zentralen Lernaufgabe • Bereitstellung der Materialien (Material-kiste)	• Präsentation durch den L. • SS-aktion	Folie, OVP	Die SS finden sich frei in Kleingruppen zusam-men (max. 2-3 SS)
Erarbei-tung	SS arbeiten in Kleingruppen	SS-aktion	Materialkiste	L. unterstützt selbsttätigkeit der SS (*Hilfen, An-regungen*)
Ergebnis-sicherung	SS äußern ihre Eindrücke zur Erarbeitungs-phase; Fixierung auf einer OVP-Folie	• Unterrichtsge-spräch	OVP-Folie	Was war schwierig ? Worauf muß man besonders achten ?
Stunden-abschluß	Präsentation ausgewählter Verhütungsmittel	• Sitzkreis	Verhütungmate-rialien	Motivation, Stundenabschluß